犬健康成长100问

◎ 秦　彤　刘小宝　主编

中国农业科学技术出版社

图书在版编目（CIP）数据

犬健康成长100问 / 秦彤，刘小宝主编. --北京：中国农业科学技术出版社，2023.10

ISBN 978-7-5116-6428-0

Ⅰ. ①犬…　Ⅱ. ①秦… ②刘…　Ⅲ. ①犬病－防治－问题解答
Ⅳ. ①S858.292-44

中国国家版本馆CIP数据核字（2023）第171425号

责任编辑　李冠桥
责任校对　贾若妍　李向荣
责任印制　姜义伟　王思文

出 版 者　中国农业科学技术出版社
北京市中关村南大街 12 号　　邮编：100081
电　　话　（010）82106632（编辑室）（010）82109702（发行部）
（010）82109709（读者服务部）
网　　址　https://castp.caas.cn
经 销 者　各地新华书店
印 刷 者　中煤(北京)印务有限公司
开　　本　160 mm×230 mm　1/16
印　　张　5.5
字　　数　60 千字
版　　次　2023 年 10 月第 1 版　2023 年 10 月第 1 次印刷
定　　价　50.00 元

编委会

前 言

近年来，我国宠物饲养数量快速增长，截至2022年底，城镇犬猫数量达1.16亿只，宠物逐渐成为家庭的重要成员和人们的精神伴侣。宠物作为人类的亲密朋友，其健康问题已成为多数养宠人士日益关注的焦点。均衡的日粮饮食、规范的健康检查、合理的疫病防控、科学的疫苗接种、适度的运动锻炼，以及健康的心理状态，都是确保犬健康成长的重要因素。为帮助宠物主人不断提高犬的饲养管理水平，对犬的饮食搭配、健康防护、生活习性、疫病预防等有更加科学的认识和了解，中国农业科学院北京畜牧兽医研究所动物生物安全与公共卫生防控团队组织编写了《犬健康成长100问》一书。

本书分为饮食与营养篇、健康与防护篇、性格与行为篇，针对公众关心的热点难点问题，采用通俗易懂的语言，以问答的形式对如何科学养犬进行了解答，适合广大养宠人士尤其是年轻宠物主人参考。由于时间仓促，水平有限，不妥之处在所难免，敬请广大读者提出宝贵意见。

编委会

2023年10月

目　录

饮食与营养篇

健康与防护篇

性格与行为篇

饮食与营养篇

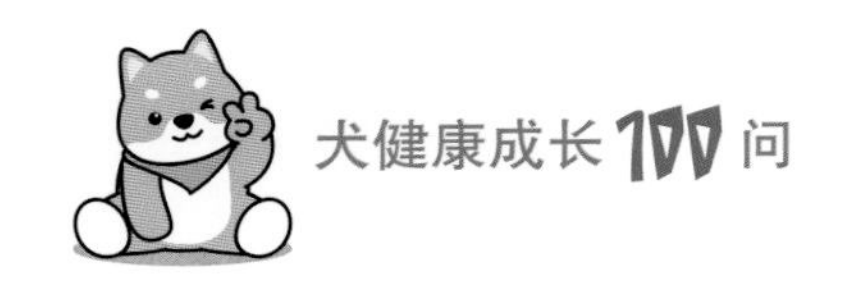

1. 犬粮的种类有哪些？

犬粮通常可以分为全价犬粮、犬营养补充剂和犬零食等。

按照水分含量，可分为干性犬粮（水分含量低于14%）、半湿性犬粮（水分含量不低于14%且低于60%）和湿性犬粮（水分含量不低于60%）。

按照犬粮生产工艺，可分为挤压膨化犬粮、烘焙犬粮、冻干犬粮、犬罐头和犬鲜粮等。

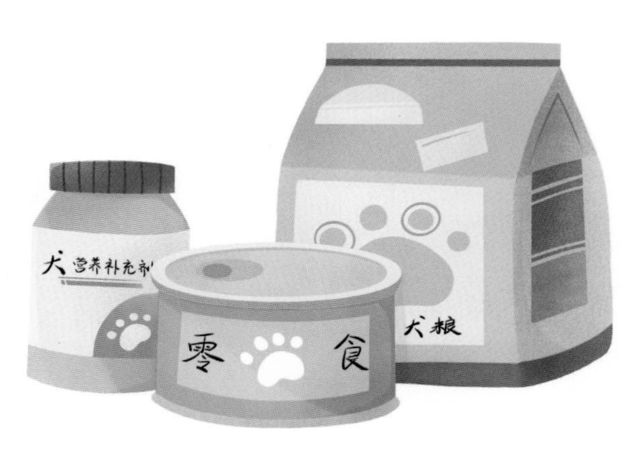

按照宠物犬不同生理阶段，可分为离乳期犬粮、幼年期犬粮、成年期犬粮、妊娠期犬粮、哺乳期犬粮、老年期犬粮等。

按照犬粮功能与用途，可分为普通型犬粮、功能性犬粮和犬处方粮。

2. 犬的正确饲喂方法是什么？

饲喂犬要定时、定量，并固定地点和用具。定时能养成犬的定时条件反射，能让犬按时分泌胃液、增加食欲，促进消化吸收。根据犬的体重、年龄确定喂食量，成年犬每天喂食2次。

犬粮应该含有犬需要的全面营养、足量且各种营养成分比例适于犬的体型（小型、中型或大型犬种）、生理状态（维持、繁殖、运动）、年龄（幼犬、成年犬、中年犬或老年犬）等，必要时犬粮营养成分还要与疾病状态相适应。

犬在2个月之前需要吃母乳，2～3月龄可以吃湿粮，3～12月龄需要吃幼犬粮，且4～10月龄的时候要给犬加强补充营养和钙质，避免犬发育不良，成年后可以吃成年犬粮。

3. 犬的日常饮食该怎么搭配？应注意什么？

犬最好的食物是自制的食物。但由于人们工作忙碌，无法做到营养全面合理搭配，最佳的选择还是商品全价犬粮。如果只能提供自制的食物，应该合理搭配，以确保营养均衡，蛋白质来源如鸡胸肉、鸭肉、牛肉等，碳水化合物来源如大米、面食等，微量元素与维生素来源如胡萝卜、白菜、生菜等。切记犬不能吃巧克力，以及葱、姜、蒜等刺激性食物。日常饮食要根据犬的年龄和体重定制，若犬太胖则应减少脂肪和碳水化合物，若太瘦则增加脂肪和碳水化合物。犬每天的食量一般是体重的2%，并且一天两餐，每餐提供的食量约为体重的1%；每天要提供足量的饮用水，让犬自由饮水。

4. 犬的日粮、天然粮、配方粮和处方粮的区别，你知道吗？

日粮：并不是指某种特殊的犬粮，而是指满足犬每日营养需求的各种饲料总量。

天然粮：指原料来自植物、动物或矿物，未经过化学工艺处理，也不含任何超量的化学合成添加剂的宠物食品。

配方粮：指通过不同原料相互搭配，配制出的符合犬营养需求的犬粮。

处方粮：为患病犬配制的主粮，因此，处方粮有不同的种类。但处方粮不能起到治疗的作用，还需配合医生进行对症治疗。

总的来说，日粮包含了天然粮、配方粮和处方粮，每种犬粮都有自己的特点，可以根据不同的情况选择合适的犬粮。

5. 犬粮是最优的选择吗？如何选择适合自己爱宠的犬粮？

犬粮具有营养价值均衡以及方便饲喂等优点，是较优的选择。

选择犬粮的方法：根据犬的品种和年龄，不同品种和年龄的犬需要不同类型的犬粮；根据犬的活动量来进行选择；犬粮的成分和品质，可以根据每一款犬粮所含的蛋白质、脂肪等营养指标以及其中的添加剂等来挑选，选择健康、不含大量人工合成添加剂的犬粮；根据自家犬喜欢的口味和口感，有些犬喜欢干粮而有的犬可能喜欢湿粮，可以根据犬的喜好来挑选；如果有其他特殊功能需求，比如需要改善肠道健康或毛发健康等，可根据实际情况选择适宜犬粮。

6. 为什么犬吃天然粮比较好？

天然粮是选择新鲜健康的材料制作而成，成分好，无污染，营养搭配合理，易于消化吸收；而商品粮为了提高犬的食欲，往往会添加大量的诱食剂，不利于犬的健康。相比商品粮来说，天然粮更能提高犬的免疫力，长期吃天然粮对犬有延长寿命的效果。

7. 犬粮包装上的哪些信息是我们必须要注意的？

犬粮包装上的信息可以帮助宠物主人了解产品的质量、配方以及适用对象。以下是一些必须要注意的关键信息。

成分列表：犬粮包装上的成分列表按重量排列，从高到低。优质的犬粮应该以优质的蛋白质（如鸡肉、鱼肉）作为主要成分，并避免过量使用人工合成添加剂。

营养含量：包装上的犬粮营养含量表明了犬粮提供的关键营养素，如蛋白质、脂肪、维生素和矿物质等。这些信息有助于确保犬获得全面均衡的饮食。

适用对象：犬粮包装上通常会指明适用的犬年龄、品种和体重范围。根据需要选择合适的犬粮，以满足自家犬的营养需求。

生产日期和保质期：这些信息非常重要，帮助你了解犬粮的新鲜度和保质期限。确保购买新鲜的产品，并确保在保质期内使用。

储存和使用建议：犬粮包装上通常提供了关于如何储存和使用的建议，如存放温度、封口方法等。遵循这些指南可以保持犬粮的新鲜度和品质。

制造商信息：查找犬粮包装上的制造商信息，包括公司名称、地址和联系方式。这些信息有助于了解制造商的信誉和可靠性。

8. 犬粮包装成分列表上，肉和肉粉有什么区别？

肉是来自哺乳动物肌肉、内脏等部分；可伴有或不伴有脂肪，其通常带有皮肤、筋、神经和血管部分。而肉粉是动物组织经高温蒸煮、脱脂、干燥、粉碎制得的肉类浓缩物。与肉粉相比，肉加工处理工艺较简单，最大限度地保全了肉质营养，消化率也更好，有效提高适口性，同时肉更利于实现品质控制和生产管理。而肉粉由原料经过高温和高压处理，去除大部分的水和脂肪而制成，是一种高度浓缩的营养成分，其在能量浓度或蛋白浓度上都远高于肉。

9. 如何正确给犬更换日粮？

源于年龄、营养等各方面因素，适当更换日粮是非常必要的，可以按照以下原则更换日粮。

不要过于频繁换粮：不同犬粮成分不同，消化的时候需要不同的消化酶，频繁换犬粮容易导致犬消化系统功能紊乱，出现腹泻等肠胃问题，所以不建议频繁换犬粮。

换粮要慢：除了不要频繁换犬粮外，换粮的时候一定要循序渐进、慢慢用新粮代替旧粮，减少换粮给犬肠胃带来的刺激。一般来说建议采用七日换粮，新粮与旧粮掺杂循序渐进地换，直到最后全部更换为新的犬粮，在这期间也可以喂点益生菌调理肠胃。

幼犬、成犬、老年犬这 3 个阶段一定要换粮：幼犬粮→成犬粮→老年犬粮这 3 个阶段对于日粮的营养物质要求各不相同，所以一定要选择相应阶段犬粮。

离乳期粮：一般是 1 ～ 4 月龄，以奶糕或者幼犬粮为主，配易消化易吸收的成分，补充基本营养增强奶犬的核心抵抗力。

幼犬粮：3 ～ 4 月龄到 10 月龄换成幼犬粮。

成犬粮：10 ～ 12 月龄逐渐更换为成犬粮。

老年犬粮：7 岁后根据身体情况逐渐考虑更换到老年犬粮。

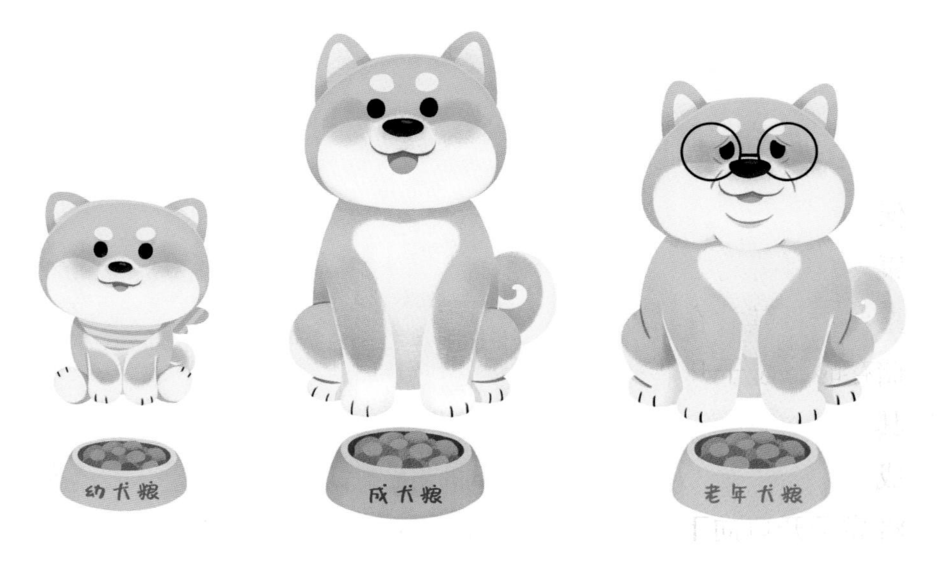

10. 什么情况下需要吃处方粮，你知道吗？

处方粮可以为不同健康状况的犬提供特定的营养支持，如肠胃问题、皮肤问题、关节问题、泌尿系统问题等特定情况。与普通犬粮相比，犬处方粮通常会根据不同的症状及其相应的生物学原理对其成分和配方进行精确的调整。因此，处方粮不一定适合长期饲喂正常的犬，这有可能会导致营养素失衡或与当前生理状况不匹配。正确的处方粮饲喂方法是，当犬被怀疑或诊断出患有肠胃问题、皮肤问题、关节问题、泌尿系统问题或其他特定的健康问题时，在宠物医生的建议和指导下使用处方粮，以达到预防、管理和缓解这些问题的目的。

11. 犬的粮食开封后，如何正确保存呢？

开封之后的犬粮保质期会明显变短，若不及时食用、合理保存，就会导致犬粮腐败变质、发霉，若犬误食可能会对其健康产生有害的影响。因此，正确保存开封后的犬粮就显得尤为重要。将其放在经过专门设计的原装袋里，可实现长期储存。储存时将袋子开口向下折叠，并用夹子夹紧，最大限度上保证其密封状态；使用塑料、玻璃等密封容器，可减少空气流通造成的污染。储存时将整袋犬粮直接放进容器中（取完粮后仍需将袋子开口向下折叠），避免因容器表面的微生物导致犬粮变质，且袋装犬粮通常有一个防油内衬，帮助其保留风味；做好防潮防虫措施，将其存放在干燥、阴凉的地方；定期清洁密封容器、取粮勺等会与犬粮直接接触的用具，并且在重新装粮前保证这些用具完全干燥，避免残留的水分导致细菌滋生；也可以将犬粮用密封袋真空包装后冷藏在冰箱中，可有效延长保质期。

12. 如何正确选择犬的储粮桶？

储粮桶的作用就是让犬粮在开封之后也能保持长时间的密封状态，保持犬粮的干燥，降低氧化速度，抑制微生物的生长，延缓腐败。

在挑选储粮桶的时候，要着重参考以下因素。

材质：不吸油、结实、无毒的 PP 树脂是优选。PP 树脂即聚丙烯树脂，有非常好的抗吸湿性、抗酸碱腐蚀性、抗溶解性等特点。

容量：结合宠物的食量购买储粮桶，这样才能优化配置，避免浪费空间。

箱体透明度：有的主人喜欢透明的箱体，这样可以比较直观地看到犬粮的消耗情况；还有的主人可能喜欢不透明的箱体，从视觉上觉得箱子不透明更结实。

密封性：密封性是储粮桶质量的关键因素，重点要检查密封条的材质，或者可以将密封好的空箱子浸入水池中，检查是否有漏水的现象。

附件是否齐全：附件主要是设计的细节，包括干燥剂的放置位置、犬粮铲、箱体刻度等，这些都是为了更好地保持犬粮的质量而设置的。

13. 犬孕期如何正确搭配日粮？

在犬孕期，母犬需要更高水平的能量和营养物质来满足胎儿的生长需求，建议在此阶段给予高品质的商业犬粮，优选专为孕犬设计的产品。这些犬粮通常具有较高的蛋白质、脂肪和能量含量，以支持胎儿的发育；同时，应确保食物中含有足够的维生素和矿物质，尤其是钙、磷、叶酸和铁等，这些营养物质对胎儿的骨骼、神经系统和血液发育至关重要。

14. 犬哺乳期如何正确搭配日粮？

哺乳期是母犬为幼犬提供乳汁喂养的阶段，在这个阶段，母犬需要更多的能量和营养物质来满足乳汁产量和幼犬的生长需求。建议继续饲喂高品质的商业犬粮，并逐渐增加母犬的饮食量。犬粮中应具有高蛋白质、中等脂肪和高能量，以满足母犬的需求；同时，应确保母犬的饮食中有足够的水分和纤维，以保持消化系统的正常功能；此外，为了提供额外的营养支持，可以考虑添加一些天然的补充剂，如鱼油富含的

Omega-3 脂肪酸和益生菌等，这些补充剂有助于母犬和幼犬的免疫系统、神经发育和肠道健康。

15. 幼犬的营养与食品需要注意什么？

幼犬处于快速生长发育阶段，营养需求比成年犬更多。

能量含量：幼犬每日需要大量的能量，因此需要摄入更多热量。这些主要来自蛋白质和脂肪，它们应该占食物总配方的很大一部分。

脂肪含量：幼犬粮脂肪含量更高，有的达到 20%，而大多数成年犬粮只有不到 10% 的脂肪。

蛋白质：幼犬需要摄入更多氨基酸，包括精氨酸、组氨酸、异亮氨酸、亮氨酸、苯丙氨酸等。幼犬需要的蛋白质摄入量大约是成年犬的 2 倍。

其他营养素：幼犬骨骼的生长需要大量的钙和磷。成年犬的饮食中只需要0.6%的钙，而幼犬至少需要1%；同样，成年犬只需要0.5%的磷，而幼犬至少需要0.8%；幼犬还需要继续摄入大量的DHA（二十二碳六烯酸），这是一种天然存在于母乳中的脂肪酸。它通常通过鱼油添加到幼犬的食物中，对认知和视力发育至关重要。

日粮质地：幼犬牙齿及消化系统都在发育中，并且对气味和质地很敏感。所以幼犬粮的质地、形状和大小需要适合它。推荐安全性较高的食物，少量多次喂食。

16. 老年犬粮的营养与食品需要注意什么？

犬在7～8岁时就逐渐步入老年，机体的各项机能也会衰退，因此，老年犬的喂食策略也需改变。

蛋白质：蛋白质含量适中，若蛋白质比例过低，则会降低犬的抵抗力，若过高，则会引发犬的肾功能损伤。

热量：许多老年犬由于活动量的降低，对能量的需求减少，因此通常需要给它们提供蛋白质与热量配比更高的饮食，可以更多选择鸡胸肉等高蛋白低脂的食物。

维生素：老年犬对维生素的需求量高于成年犬，在自行配制饲料时应注意添加维生素。

微量元素：喂养老龄犬时应额外补充钙和维生素 D_3。

食物的硬度与消化：老年犬牙齿较为脆弱，尽量避免喂食骨头或者硬度较高的犬粮；同时少食多餐，多喝水，使老年犬能够正常消化食物中的营养物质。

17. 犬吃什么食物有助于美毛护肤？

鸡蛋黄：蛋黄含有丰富的卵磷脂，能够防止皮肤发炎，软化毛发，但是蛋黄不要一次吃得太多，以防胆固醇摄入过多。

深海鱼类：鱼肉是一种脂肪低、营养高的食物，尤其是深海鱼类，像三文鱼、金枪鱼里面含有丰富的不饱和脂肪酸 Omega-3 和 Omega-6，可以减少皮屑和滋润皮肤，促进毛发变得光泽柔顺，但一定要煮熟后再给犬吃，避免生食而感染寄生虫。如果觉得喂鱼不方便，也可以购买一些深海鱼油来喂食，效果是一样的。平时给犬吃的犬粮也最好是含深海鱼油的，这样可以帮助犬美毛、改善毛质。

海藻粉：海藻粉里面含有氨基酸、蛋白质、维生素等多种营养成分，可以帮助犬增加色素的沉着，抑制犬的毛发褪色，让毛发更有光泽，同时增加犬皮肤的免疫抵抗能力。在日常喂食中可以适当在犬粮里拌着给爱犬食用。

胡萝卜：胡萝卜中含有胡萝卜素和维生素 A，对于保持毛发的光泽质地有很大改善，还可以增加毛发的生长，但注意别给犬生吃，可通过水煮或清蒸的方式将胡萝卜熟处理后，直接给犬喂食，或者将熟胡萝卜拌入犬粮中进行喂食。

水果：适当吃一些苹果等水果也有利于改善毛发粗糙、皮肤干燥等问题。

18. 犬需要额外补充维生素等营养品吗？

市面上宠物营养品种类繁多，如维生素、矿物质类、营养膏、美毛粉、海藻粉、关节营养品、调理肠胃产品、深海鱼油等。膳食营养均衡的犬，是没有必要吃营养品的，过多摄入反而不好。针对特殊情况的犬，可选择合适的添加剂并按照对应的剂量使用。如工作犬、妊娠犬、手术和病后恢复期的犬、消化功能变弱的老年犬，可适当喂食营养膏，以增加营养成分的吸收和利用；在妊娠期间可适量补充维生素和矿物质，以保证母体的需要和胎儿的正常发育；当犬突然间出现跛脚或者膝盖骨异位的情况，可补充软骨素和葡糖胺，这两种是关节炎常用的膳食补充剂。无论补充何种营养品均需要结合犬的实际生理状况适量补充。

19. 犬肥胖的原因有哪些？如何预防犬肥胖？

犬肥胖的原因主要有以下 4 点。

自身因素：犬肥胖与其品种、年龄和性别有直接关系。部分犬，如拉布拉多犬、巴哥犬、京巴犬等都是容易发胖的品种，而母犬比公犬更容易发胖。此外，随着年龄的增长，犬发生肥胖的概率也随之增加，7 ～ 11 岁达到巅峰。

绝育因素：绝育后犬体内激素发生变化，导致其运动量减少，尤其是母犬绝育后因激素水平的影响还会导致采食量增加，因此脂肪在体内过量沉积造成肥胖。

疾病因素：很多内分泌系统疾病，如甲状腺机能减退、肾上腺皮质机能亢进、糖尿病等都易引起犬的肥胖。此外，一些骨关节疾病，如关节炎、椎间盘突出以及由营养代谢障碍引起的骨质疏松等使犬的运动量减少，导致肥胖。

生活方式：当犬摄食过量、运动量不足时，大量的热量会在犬体内转化成脂肪，导致肥胖。当采食含有过高脂肪和热量的人类食品时，也会导致脂肪不断在犬体内沉积从而引

发肥胖。

预防犬肥胖可以从以下 4 点入手。

一是定时定量饲喂，采用多次少量的方式，防止犬暴饮暴食；二是对于易肥胖或已肥胖的犬应控制其饮食，饲喂一些高纤维、低脂肪、低热量食物，并且增加运动量；三是增加日粮中的蛋白质与能量比，有助于增强饱腹感，减少脂肪组织沉积，提高基础代谢率和能量利用率；四是根据犬不同生理阶段选择合适的犬粮。

20 犬消瘦的原因有哪些？如何预防犬消瘦？

导致犬消瘦的主要原因有：寄生虫感染，通过与犬竞争

养分，犬不能获得充足的营养；营养不良，如长期摄取单一犬粮，无法满足犬的营养需求，或胃肠消化吸收能力差，营养物质利用率低；精神压力，如因环境变化、缺乏运动等因素产生压力，使得犬食欲不振；疾病影响，如消化系统疾病、糖尿病和甲状腺问题等。

预防犬消瘦可以从以下 7 点入手。

一是选择营养均衡的犬粮，保证摄入充足的营养物质，满足犬基本的营养需求；二是饮食规律，避免饥饿或过度饱食；三是喂食益生菌，改善胃肠道功能，提高营养物质的消化吸收率；四是适当运动，促进食欲并提升消化吸收能力，避免消化不良，同时缓解压力；五是对犬定期进行体检，及时发现和治疗潜在的疾病；六是对犬进行定期驱虫，避免寄生虫感染；七是注重生活环境卫生，避免感染细菌病毒。

21. 犬可以吃生食吗？有哪些好处和弊端？

犬可以吃生食，但是有利有弊。犬的品种、大小、性格喜好、体质对于能否摄入生肉都有一定的影响。

喂食生食的好处：减少口气和体臭，减少粪便量和粪便臭味；提供较为完善的营养物质；生肉能提供最大的能量，完整的维生素、矿物质、蛋白质和碳水化合物；强壮肌肉，更好地控制体重，可以有效减轻犬耳道内的味道，减缓耳部疾病；结合生肉喂食，还可以减少成品犬粮中防腐剂等化学物品的摄入，也会提亮毛色。

喂食生肉的弊端：肉必须保证其卫生，喂食卫生不达标的生肉，容易导致犬患上各种传染性疾病。劣质生肉中的病原菌能引起肝脏、肾脏、肺部等内部组织脏器感染，病症可持续几天或长达数月之久，带菌犬还有可能导致其他动物和人的传染。

22. 犬有必要吃零食吗？如何正确选择零食？

零食对犬来说是除了主粮之外的一种辅助食物，无论是给犬解馋、增加感情，还是当训练奖励、提高服从性都很有必要。零食的选择也很有讲究。

看品牌：犬零食没有明确的食品规范和标准，在给犬选择零食的时候，最好选择知名的品牌，有完整的厂商资料及产品来源介绍会比较可靠。

看原料表：最好选择原材料新鲜天然的，尽量避免大豆、面粉、淀粉成分，犬所需的营养成分最主要为动物性蛋白质，多余的淀粉会给它们身体带来负担；避免高糖零食；避免过多的添加剂、诱食剂；避免购买添加色素的零食。

看零食种类、作用：市面上有洁齿类零食、口腔消臭类零食、毛发维护类零食等，可根据需要选择。

挑选零食质地：最好是选择些软硬适中，协助犬去除牙石，能磨牙去口臭的零食。

23. 犬一天应该吃多少？

对犬喂食的量可以通过犬的年龄和体重来选择。一般以商业标准全价混合干粮来说：幼犬因为生长速度快，对能量需求量大，但消化能力较弱，应当遵循少食多餐的原则，1～3月龄每天4～5次；3～4月龄每天3～4次；6～8月龄每天2～3次；8月龄后的犬每天2次即可。根据犬的体重可参考以下数据：体重1～5千克，每日35～100克；体重5～12千克，每日100～220克；体重12～25千克，每日220～420克；体重25千克以上的犬每日420克以上。除此之外，还可通过触摸犬的腹部和观察粪便进行判断，若犬的腹部与肋骨保持水平或稍显椭圆则吃够了，若犬的腹部在吃完犬粮后鼓胀明显则表示吃得过多，腹部平坦则表示吃得过少。因为不同种类和营养成分的犬粮与不同的犬每日所需不同，对犬喂食多少犬粮需要不断进行观察和积累经验。

24. 犬一天应该喝多少水？如何正确饮水？

犬每天饮水量的需求会受到多种因素的影响，包括犬的体重、年龄、活动水平、健康状态、环境温度和饮食成分等。以下是一般的指导原则。

饮水量计算：通常，犬每天的饮水量应该为其体重的2.5%～4%。例如一只10千克的犬，每天的饮水量应该在250～400毫升。这只是一个大致的估计，实际的饮水量会因犬的个体差异而有所不同。

活动水平和环境温度：犬的活动水平和环境温度会对饮水量产生影响。高温天气、运动剧烈或处于妊娠和哺乳期的犬需要更多的水来满足身体的需求。在这些情况下，需要额外留意并确保犬能够获得充足的饮水量。

提供清洁新鲜的水源：确保为犬始终提供新鲜干净的饮水。水碗应该定期清洗，水源应该定期更换，以免细菌滋生。饮水器或滴水器可以确保水的持续供应和保持水的清洁度。

监测饮水行为：注意观察犬的饮水行为。如果犬突然增加或减少饮水量，或者出现其他异常饮水行为，如过度口渴、频繁排尿或拒绝饮水等，表明可能存在健康问题，在这种情况下，建议咨询宠物医生以进一步评估。

25. 犬为什么喜欢喝20°C左右的温凉水？

温度适宜：犬体内的酶活动和新陈代谢会受到温度的影响。温凉水（20℃左右）更接近犬体温，有助于维持正常的体温调节，喝温凉水可以帮助犬保持舒适和适应环境温度。

感觉更清爽：与冷水相比，温凉水更容易被犬体吸收。当犬运动或消耗能量时，身体会变热，喝温凉水可以更有效地满足身体的需求，使犬感觉更清爽。

口腔健康：犬喝温凉水有助于保持口腔的健康。冷水可能导致口腔组织收缩，而温凉水则更温和，有助于减少口腔不适和刺激。

消化和吸收：温凉水有助于促进犬的消化和吸收过程。过热或过冷的水可能对胃肠道产生不利影响，而温凉水更有利于保持胃肠道的正常功能。

尽管犬可能更喜欢喝温凉水，但在热天或剧烈运动后，它们可能会寻找冷水来降低体温。此外，不同的犬个体可能对水温有所偏好，因此可以观察和了解自家犬的喜好，提供适宜温度的饮水。

26. 犬不能吃的食物有哪些？

（1）辣椒、胡椒等辛辣的刺激性食物不能吃，会导致过敏、休克等症状。

（2）巧克力、咖啡、茶等含有可可碱和咖啡因的食物不能吃，犬没有相应的酶来分解，贮留在体内会造成中毒、呕吐、尿频、神经兴奋等症状。

（3）葡萄不能吃，葡萄醇是一种能造成犬肝脏受损的物质。

（4）洋葱、大蒜、大葱等含有硫化丙烯和 N– 丙基二硫化物的食物不能吃，会降低红细胞内部葡萄糖 –6– 磷酸脱氢酶的活性，造成血红蛋白凝固变性，导致犬溶血性贫血。

（5）夏威夷果不能吃，会导致大量的钙磷摄入，打破钙磷平衡，导致犬肝脏损伤。

（6）海鲜、牛奶、冰激凌以及其他乳制品不能吃，容易引发犬消化不良、腹泻等问题。

27. 犬不能吃的植物有哪些？

犬咀嚼或误食某些植物轻则引发呕吐和肠胃不适，严重的甚至会导致死亡。常见的对犬有毒有害的植物包括：杜鹃花，误食少量的杜鹃花叶片就会对犬口腔造成刺激，同时还会引起呕吐和腹泻，大量摄入会导致低血压昏迷甚至死亡；水仙花，水仙花全株都会导致犬呕吐腹痛，心律失常甚至死亡；郁金香，郁金香全株都会引起犬过度流涎和恶心；西米棕榈，对犬来说是剧毒，误食会引发出血性呕吐，肝衰竭和死亡；夹竹桃，会引发犬心脏异常，肌肉震颤和出血性腹泻；菊花，误食会导致犬呕吐腹泻和动作失调；牡丹花，误食会导致呕吐腹泻和疲倦；黑胡桃木，黑胡桃木的果实在发霉后会引发犬胃部不适，还可能导致癫痫；鸢尾花，误食会导致犬流涎、呕吐、腹泻和疲倦；毛地黄，其种子、叶片和花都会导致犬心力衰竭，甚至死亡；其他对犬有毒有害的植物还有：蓖麻、仙客来、万年青、曼陀罗、飞燕草、铃兰、槲寄生、红豆杉、绿萝、荨麻、爬山虎、女贞子、紫藤、映山红等。

28. 犬不能吃的药物有哪些？

阿司匹林：阿司匹林在犬体内代谢较慢，可能导致中毒。它可能引起胃肠道出血、溃疡和肾脏问题。

对乙酰氨基酚：对犬来说，对乙酰氨基酚是有毒的。它可能导致肝脏和肾脏损伤，造成氧气不足和中毒症状。

布洛芬：布洛芬在犬体内代谢较慢，容易引起胃肠道出血和溃疡。长期使用或过量使用可能导致肾脏问题。

人类处方药和非处方药：人类药物对犬的安全性和剂量是不同的，使用之前一定要咨询宠物医生。

请注意，这只是一些常见的犬不能吃或需要小心使用的药物，犬的健康状况和个体差异会影响对药物的反应，因此，使用任何药物之前应咨询宠物医生，他们将根据犬的特定情况提供正确的药物和剂量建议，以确保犬的安全和健康。

29. 犬能吃草吗？为什么？

犬是可以吃草的，草中含有一定量的微量元素和膳食纤维，有的品种甚至含有丰富的蛋白质，比如苜蓿草，犬吃草可以补充犬粮中缺乏的某些营养元素。但是不建议主人外出遛犬时，让犬去草地上吃草，如果遛犬时发现犬有爱吃草的行为应该及时阻止，因为城市中绿化带的草地会定期喷洒除虫剂等一些化学药物，化学药物摄入体内可能会对犬机体造成损伤；若没有喷洒化学药物的草地中也可能会有蜱虫、虱子等寄生虫，犬在吃草时可能会造成内源或外源感染寄生虫的情况。如果犬有啃草的习惯，就要考虑是精力过剩，还是犬粮的问题了，可以用清水煮的西蓝花、芹菜、萝卜等蔬菜补充维生素、膳食纤维等。当然，也可以选择质量好一些、营养元素较全面的商品犬粮。

30. 犬异食癖的形成原因及其防治方法有哪些？

犬异食癖是指犬舔食无法食用或者没有营养价值的异物的一种疾病。犬异食癖是由多种因素造成的，如营养因素，由饮食不当导致微量元素缺乏，许多营养元素如钙、镁、磷、硫等矿物质的不足是导致异食癖的原因；疾病，一些疾病的临床症状或亚临床症状如体内外寄生虫产生毒素或刺激也会导致异食癖；环境，饲养环境差，密度过大等会引起犬抑郁烦躁等，进而导致异食；天性，有的犬好动、好奇心强，对环境中的东西有很强的好奇心，所以它会乱舔食身边不熟悉的东西，若不及时纠正也会形成异食癖。

防治方法：调整犬的饮食结构，给予其全面而均衡的饮食，并适量补充矿物质、维生素等营养物质；定期驱虫并做好疾病防疫工作；做好犬的饲养管理，让异食癖犬远离应激的环境；对于出现异食癖的犬及时阻止、及时调教。

31. 犬什么时候开始磨牙，如何选择磨牙棒？

磨牙棒能够尽早刺激幼龄动物的乳牙进行更换，避免乳牙停滞或出现双排牙的情况，并能较快长出恒牙，对幼龄动物的外貌起着重要作用。幼犬出生 20 天左右开始长牙，但此时一般还不需要磨牙棒，至 3 月龄左右幼犬才开始需要使用磨牙棒。磨牙棒的使用频率为隔天一次或一周一次，次数太多可能会影响幼犬的食欲，导致消化吸收不好，并且尽量固定在同一时间，且时间不宜过长。

磨牙棒分玩具类（犬咬绳子、塑料玩具等）、磨牙骨（牛骨头、健齿骨等）、零食类（以零食为主并具有磨牙作用的食物，可以补充其他营养）等种类，其中零食类的磨牙棒比较受欢迎。对于幼犬磨牙棒的选择要避免以下5类。一是一些生皮制品、骨制品或硬质磨牙棒，它们的共同特点是：硬且没有弹性，可能会致使幼犬牙齿断裂；二是廉价磨牙棒，使用食用胶、香精、色素、诱食剂等加工而成，对犬身体有一定的伤害，可能还会上瘾；三是含淀粉磨牙棒，幼犬吃完后牙齿上会有一层黏黏的东西，容易形成牙菌斑、牙结石，还会造成肥胖；四是煮过、加工过的骨头，容易粉化，会变成细碎的颗粒划伤肠道，且不易消化；五是细碎禽类骨头，像鸡骨头这种尖锐的骨头在幼犬吞咽时很容易刺伤喉咙。因此，幼犬主人在选择零食类磨牙棒时应选择软硬适中、牙齿可以咬入、能在磨牙的同时起到清洁作用的磨牙零食。

健康与防护篇

32. 犬的正常生理指标有哪些？

体温：直肠测温正常范围为37.5～39.0℃，因体型和年龄不同稍有差异。

呼吸频率：正常为每分钟15～30次，因品种、体重、环境温度不同稍有差异，其中环境温度影响最大。

血压值：颈动脉测量，收缩压为108～189毫米汞柱（1毫米汞柱约为133帕），舒张压为75～122毫米汞柱。

心率：每分钟80～120次，幼犬每分钟约为200次。

性成熟：性成熟一般在6～8月龄，体成熟一般在12～15月龄，性周期一般为180天，每年有2个性周期。

妊娠期：平均为60天（58～64天）。

33. 犬出现健康问题的早期征兆有哪些？

食欲差：食欲是观察其健康状况最明显的标志，健康犬通常食欲旺盛，进食迅速，食量稳定，一旦出现食量减少或拒食，应对其健康加以关注。

精神状态差：健康犬应精神饱满，动作灵敏，尾巴摆动灵活，当犬精神萎靡、动作迟钝、尾巴不摆动或下垂时，提示犬的身体出现疾患。

排便异常：健康犬每天排便应为2～3次，粪便成形，颜色为黑色或黄褐色，软硬适中，粪便颜色、形态、味道的异常均提示犬身体健康问题。

眼部分泌物：健康犬的眼睛是明亮有神，眼周应干净，犬生病时，眼睛无神，或眼球布满红血丝，有时眼周可能会出现大量脓性分泌物。

体重下降：如果犬在近期内进食正常，体重却出现大幅下降，可能是消化系统出现问题，应及早就医。

体温升高：犬的直肠测温正常为 37.5 ～ 39.0℃，一般早晨体温略低，中午至傍晚体温偏高，如犬的体温高于 39.0℃时则提示健康出现问题。

被毛状态：犬的被毛如粗糙暗沉无光泽，甚至大量掉毛，也说明犬的健康出现问题。

34. 哪些原因会引起犬咳嗽？

养犬过程中，过敏、中毒、巨食道症等都会引起咳嗽，但发病率较低，引发犬咳嗽的原因主要有以下 6 种。

呼吸道感染：气温变化、环境改变等多种原因导致的呼吸道感染，都可能导致犬咳嗽，发病后应及时就医治疗。

异物卡住喉咙：突然发生的剧烈咳嗽，或者听起来更像是呕吐的咳嗽，尤其是伴随着舔嘴或试图吞咽等动作时，可能是犬喉咙疼痛的迹象，或者有东西卡在它的喉咙里，此时应及时就诊。

肺炎：如果犬咳嗽听起来是湿性或排痰性咳嗽，则可能是肺内积液的结果，可能是肺炎的信号，应及时治疗。

气管塌陷：如果咳嗽反复发作，并且听起来像鹅叫，则可能是气管塌陷的迹象，患有这种疾病的犬通常还会出现运动不耐受、呼吸窘迫、进食或饮水时呕吐等症状。

心脏病：无论是先天性心脏病，还是感染心丝虫引发的心脏病，或者是因为老化导致的瓣膜闭锁不全，或是心肌病变等，均会导致心脏变大，压迫和刺激气管，造成咳嗽的现象。

寄生虫病：某些寄生虫（如犬心丝虫）会导致犬咳嗽。

35. 哪些原因会引起犬呕吐？

犬呕吐分两种情况，一种是正常呕吐，另一种则是非正常呕吐。

正常呕吐是指因为犬的消化系统问题而引起的呕吐，主要原因有：犬吃太快、吃太饱有可能引起呕吐；犬粮的更换也可能引起犬肠胃不适导致呕吐。

犬出现以下情况为非正常呕吐，一定要及时就医：食道异物，此时呕吐物呈白色黏稠的泡沫状；急性胃肠炎，通常呈现白色或透明的分泌物；急性出血，传染病或其他原因导致的消化道出血，呕吐物中带有鲜血；异物、肿瘤、中毒等其他内科病都可能导致犬呕吐，如犬一周内呕吐次数超过 2 次，或连续多天呕吐，都应及时就医。

36. 哪些原因会引起犬腹泻？

幼犬消化器官发育不全，可因断奶引起腹泻。

成年犬也会因着凉、更换犬粮、不规律饮食或一些刺激性食物导致腹泻。

细菌或病毒感染。常见的细菌如幽门螺旋杆菌等，常见的几种病毒如冠状病毒、细小病毒等都可导致犬腹泻，如果腹泻排泄物腥臭甚至带血，还伴有呕吐等症状，应及时就医。

寄生虫病。体内存在寄生虫（如蛔虫、球虫、钩虫等）的犬在初期阶段食欲极佳，偶尔会出现呕吐或腹泻的情况，后期比较严重时，则会出现像腹痛、食欲不振、呕吐、腹泻，甚至水便血便等情况，比较危险。

37. 哪些原因会导致犬粪便带血？

便秘导致的肛周膜撕裂或吞食尖锐异物划伤肠道，都会出现便血；结肠炎、直肠炎往往会在粪便外周带血；此外肠道寄生虫、细菌性胃肠炎、病毒病（如细小病毒、犬瘟热病毒）诱发肠炎也可导致犬的便血。

38. 哪些原因会导致犬食欲不振？

一些生理性因素，如运动过度、疲劳、口渴、天热、妊娠会导致犬食欲不振；发情求偶期也会出现食欲不振的现象；某些疾病如疼痛、肠胃炎、消化功能紊乱、内分泌紊乱、肿瘤等疾病都会导致犬食欲不振。

39. 犬突发意外伤害怎么办？

咬伤、抓伤：伤口较小时可自行处理，首先压迫止血，然后清理伤口附近被毛，用碘伏或医用酒精消毒伤口，并以无菌纱布包扎伤口；严重时应及时就医。

烫伤、灼伤：烫伤部位立刻用流水冲洗或冷敷等方式物理降温，烫伤面积大时，用凉毛巾包裹冷敷，送去宠物医院；防止犬舔舐伤口。

骨折：犬骨折后可先用棉花等裹住骨折部位并以绷带扎好，在骨折部位两侧用木板固定后送去宠物医院治疗，尽量不要使患处移动。

40. 犬中暑后有哪些表现？怎么处理？

犬的皮肤散热能力较差，炎热的夏季如果不注意防暑降温，很容易导致犬中暑。犬中暑后，通常表现为喘息急促、躁动不安、流口水、体温升高，严重时还会出现休克昏迷。中暑后第一时间将犬移至阴凉通风处，喂食少量饮水，用湿毛巾或冰袋冷敷全身，也可在脚垫上擦拭酒精以降温，如情况严重应送去宠物医院救治。

41. 犬患上皮肤病该怎么办？

犬患上皮肤病，建议主人先带它去宠物医院进行皮肤刮片检查，确诊感染类型后再进行针对性治疗。如果犬患有真菌感染类的皮肤病，建议使用含有特比萘芬成分的药物治疗；如果是细菌性皮肤病，建议使用抗菌消炎类的药物治疗；如果是寄生虫性皮肤病，建议使用体外驱虫药进行驱虫，同时使用抗菌消炎的药物，防止继发感染。另外，犬患有皮肤病后要制止犬对患处的抓挠、啃咬，以免造成感染加重病情，及时到正规的宠物医院进行检查和治疗，用药期间注意饮食，尽量不要洗澡。

42. 犬如何剪指（趾）甲？

犬的指（趾）甲是三棱形的，修剪时应当使用犬专用指甲剪。修剪时，先观察血线位置，注意不要剪到血线。抓牢犬的爪子，使用指甲剪垂直于指（趾）甲快速剪去合适长度，并左右修剪使指（趾）甲不留尖锐部分。另外，修剪指（趾）甲不要忘记修剪犬脚掌部位的狼趾。

43. 犬剪指（趾）甲时为什么会出血？出血了应该怎么办？

犬的指（趾）甲外层是厚厚的角质层，角质层内部有丰富的毛细血管和神经，外观看起来是一条红色的线，常称为“血线”。如果在修剪指（趾）甲时不小心伤及血线就会出血，还会造成犬

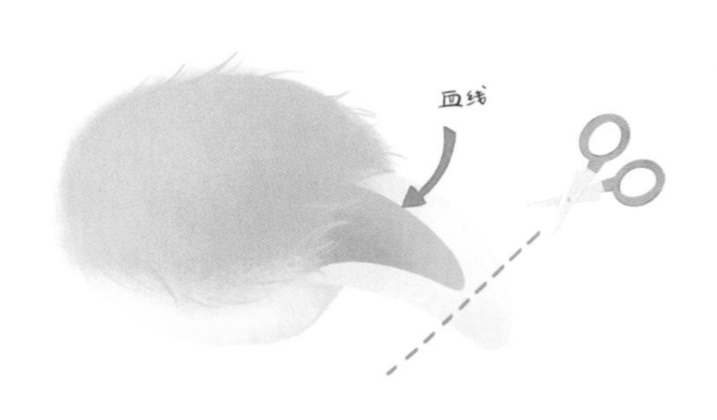

的剧痛，对剪指（趾）甲产生严重抵触情绪。剪指（趾）甲一旦出血，应立刻使用止血粉止血，并对犬进行安抚。

44. 如何判断犬的耳道是否健康？

犬的耳屎能够非常直观地反映出其耳朵的健康状况如何，颜色、气味则是判断的两个主要标准。

（1）健康耳道。正常情况下犬耳朵还是比较干净的，没有多少污垢，也没什么异味，将无用的耳毛清理干净，耳郭内也比较干净。掏耳朵时棉花上也不会有太过明显的脏物。

（2）发炎。长时间不清理耳毛、不掏耳朵或耳朵进水会导致犬耳朵发炎。表现为有红色耳屎，此外，耳朵里有脓状水状分泌物。对于这种情况，尽早清理耳毛，然后每天用洗耳水清洗一下耳朵，上点具有消炎效果的耳药。

（3）耳螨。掏耳朵时如果发现棉花上有黑色或者红褐色的脏物，说明犬可能感染上耳螨了。如果犬总是抓挠自己的耳朵，而且脏物的量也比较多的话，那就要尽早去医院做一下镜检。

45. 如何清理犬的耳道？

犬的外耳道呈“L”形，容易积累污垢，所以定期清洁耳道很重要。清洁耳道时，首先将耳粉涂在外耳道，轻轻揉搓后拔出耳毛；而后将洗耳液滴在耳郭内侧，轻轻按摩耳根，用止血钳夹住棉花将耳道周围的污垢擦拭干净。注意，清洁耳道千万不能用棉棒，以防犬突然甩头把棉棒折断在耳道内，引起麻烦。

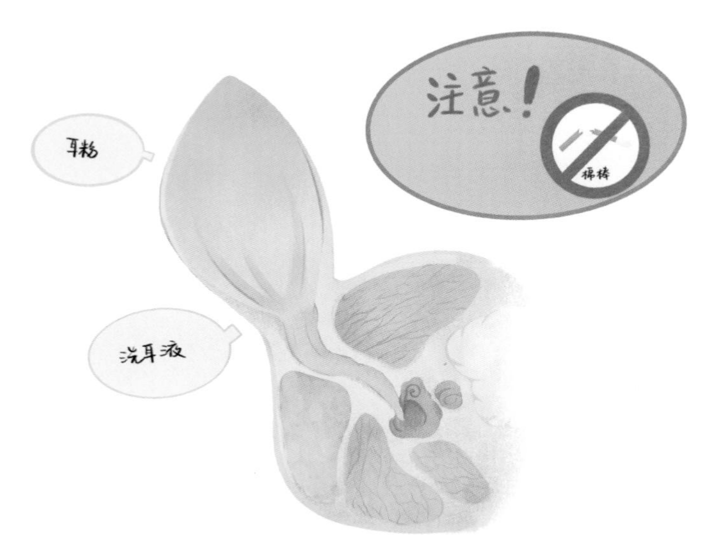

46. 如何清理犬的口腔？

刷牙是维持犬口腔健康最有效的方式，通常建议每周至少给犬刷 3 次牙齿，如果是小型犬建议每周刷 5 次牙齿。健康牙龈的颜色是粉红色的，深红色或者白色都不是正常的迹象，出血和肿胀也代表犬的牙齿出现了问题。除了刷牙，给犬购买磨牙棒也是清洁口腔的方式之一，咀嚼类的磨牙玩具不仅可以增强犬的咬合力，还能通过摩擦力刮掉附着在牙齿的牙垢。漱口水、洁牙粉等也是我们平时可以尝试给犬清洁口腔的物品。如果犬的牙结石很严重，就要到宠物医院进行洗牙。

47. 如何给犬刷牙？

选择适当的牙刷和牙膏。选择适当的牙刷和牙膏是刷牙的第一步，在选购时，需要确定牙刷的大小、形状和毛质。一般来说，小型犬需要较小的牙刷，而大型犬需要更大的牙刷。另外，柔软的毛质能够更好地清洁牙齿，减少对牙齿和牙龈的伤害。选择犬专用的牙膏也是必要的，不要使用人类牙膏。

让犬适应牙刷。可以用手指或棉花球替代牙刷，让犬感受到手指或棉花球在口腔中移动的感觉，逐渐过渡到使用牙刷，并在其上涂抹少量的牙膏，帮助它们适应并享受这个过程。

将牙膏涂在牙刷上。将适量的犬专用牙膏涂在牙刷上，只需要涂抹少量牙膏就足够了。现在市场上有很多口味的牙膏可供选择，如鸡肉味、牛肉味、甜菜味等，可以根据犬的喜好来选择。

控制犬。在开始刷牙之前，需要确保犬能够安静和放松，同时，确定一个安全且固定的位置来刷牙，例如在地板上、桌子上或沙发上等，减少其移动干扰。

开始刷牙。从后牙开始刷起，用缓慢而轻柔的圆形运动刷牙，确保覆盖所有牙齿和牙龈。特别注意清理后牙和门牙，这些地方都容易藏污纳垢和滋生细菌。刷牙时要尽可能控制刷头的角度和力度，以减少对牙齿和牙龈的伤害。如果犬对刷牙过程感到不舒服或疼痛，请停下来，让它们冷静一下再重新开始。此外，在刷牙时要经常与它们进行互动和谈话，使其保持放松和心情愉悦。

奖励犬。刷完牙后，可以给犬一个小零食、一些玩具或者简单地抚摸和称赞，这样犬就能更加乐意参与刷牙过程。

定期给犬刷牙，保持口腔卫生

1.从表面开始刷起

2.尝试刷牙齿内表面

48. 犬口臭该怎么办？

首先应找到犬口臭的原因，检查犬是否有口腔疾病（如牙结石、口腔溃疡等），对症治疗可缓解口臭。

如果犬习惯性便秘或腹泻，也会导致口臭。这时应调节犬的饮食，以犬粮为主适当添加水果和蔬菜。

让犬多喝水、多运动，促进新陈代谢来改善口臭；还可喂食益生菌来调解肠胃，有效缓解犬的口臭。

定期给犬刷牙，保持口腔卫生，也可以选择一些口腔保健用品（如犬用口香糖、磨牙棒等），分解牙结石，缓解口臭。

49. 犬需要清理肛门腺吗？如何清理？

犬要定期清理肛门腺，若长期不清理，不仅会造成犬的身体异味，还会导致肛门腺堵塞，引发肛门腺炎。具体方法：握住犬的尾根，肛门腺在肛门两侧 4 点和 8 点位置，为两粒像葡萄一样大小的东西，可以先轻轻触碰一下犬的肛门周围看有没有疼痛反应，没有就可以由内向外轻轻地挤压，挤出肛门腺的分泌物。

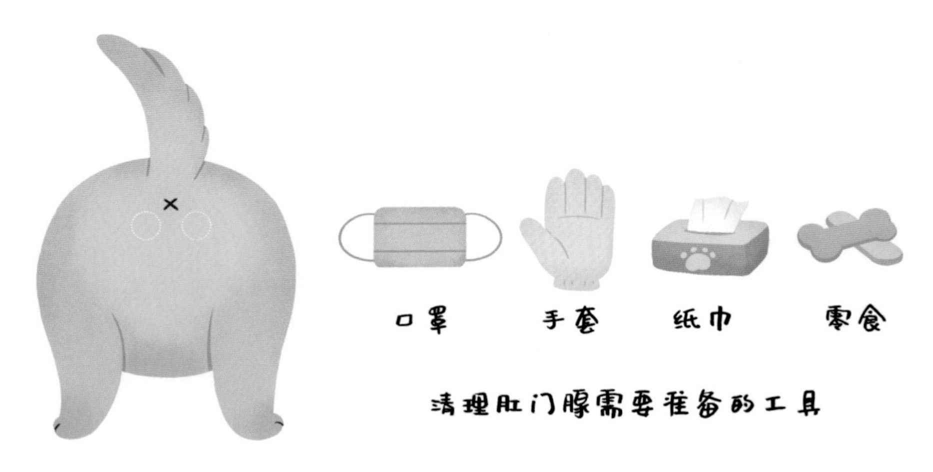

清理肛门腺需要准备的工具

50. 犬的被毛和人的头发一样吗？

犬和人毛发的主要成分都是角质蛋白，主要区别是人毛发的表皮层鳞片薄，皮质发达，色素颗粒多集中于皮质外周；犬毛发表皮层的鳞片较厚，呈波纹状排列，毛皮质不发达，色素颗粒多集中于近中心部位，色素颗粒大小、分布不均。人的毛发是连续不断生长的，而犬被毛的生长是周期性的，所以会在不同季节换毛。此外，不同犬种被毛结构、质地也不一样，有的犬（如松狮犬、博美犬、牧羊犬等）为双层毛，有的犬（如约克夏、马尔济斯犬等）为直丝毛，有的犬（如贵宾犬、卷毛比熊犬等）为卷毛，有的犬（如雪纳瑞犬）为刚毛犬，在日常护理要因犬被毛结构和质地的不同而采取不同护理方式。

51. 犬的皮肤和人的皮肤一样吗？

犬的皮肤和人的皮肤差异比较大。人皮肤的 pH 值是 5.5 左右，偏酸性，犬皮肤为中性，pH 值是 7.5 左右，所以犬不能使用人的沐浴露，否则会破坏犬皮肤；犬皮肤比人的薄，厚度仅为人的 1/3，所以犬更易患皮肤病；犬皮肤的代谢周期比人的短，20 天左右就会更新一次；人的汗腺分为外泌汗腺和顶泌汗腺，外泌汗腺直接开口于皮肤表面，所以人的皮肤能出汗；而犬的皮肤没有外泌汗腺，所以身体皮肤无法排汗，只能通过脚垫排汗。

52. 犬应该洗澡吗？如何正确洗澡？

犬可以洗澡，但不宜频繁，一般间隔 7 ～ 20 日洗一次，水温在 35 ～ 40℃为宜。洗澡的顺序是从后背部→四肢→屁股→胸腹部→颈背部→头部，洗澡时不让犬呛到水是关键，可固定犬的头部使其鼻子朝上 45°，出水口紧贴犬的后脑部，并在后脑部与额头之间缓慢来回冲洗几次，直到头部冲洗干净；洗的时候也不要将水和泡沫弄进犬的眼睛或耳朵里，并且冲水要彻底，不要有沐浴露残留；此外，长毛犬在洗澡前要将被毛梳开，使用宠物专用吹水机和吹风机吹干，也可以使用宠物专用烘箱进行干燥并同时梳理被毛。

53. 什么情况下不适合给犬洗澡？

不满 3 月龄的幼犬不能洗澡。

没有接种疫苗，或没有完成完整的疫苗周期的犬不能洗澡；接种疫苗之后 7 天内不能洗澡。

患病期间或有外伤的犬不能洗澡。

临产和哺乳期的犬不建议洗澡。

刚吃饱的犬要过 1 ～ 2 小时再洗澡。

刚到新家的犬不要洗澡。

剧烈运动后的犬不宜立刻洗澡。

下雨天、特别潮湿的天气不宜给犬洗澡。

54. 如何选择犬用沐浴液？

因为犬的皮肤结构和人的不同，应挑选宠物犬专用沐浴液。选择沐浴液时，尽量选择泡沫少易冲洗的沐浴液，这样可以大大减少沐浴液在犬被毛上的残留；犬皮肤的 pH 值在 7.5 左右，所以选择的沐浴液的酸碱度也应为中性；此外，犬的嗅觉十分灵敏，沐浴液的味道尽可能小，这样对犬的嗅觉系统才不致造成伤害。

55. 犬洗完澡是自然风干还是用吹风机吹干？

犬洗澡后不建议自然晾干。犬洗完澡会通过抖动身体将毛发表面大部分的水甩掉，但是被毛根部以及皮肤上的水不会被甩出，如果等自然晾干需要很长时间，天气寒冷时可能导致犬感冒，特别是幼犬；此外，被毛根部如果长时间处于潮湿状态很容易滋生细菌和真菌，诱发皮肤病，因此建议犬洗澡后立刻将被毛吹干。犬洗完澡先用吸水巾吸干被毛表面水分，再用犬专用吹水机将深层被毛吹干。使用吹水机时要随时注意温度，不要贴近犬的皮肤，以免烫伤；犬的听觉十分敏感，对吹风的声音会产生害怕的情绪，开机时，可以由远及近，逐渐让犬接受机械和风的声音。

56. 犬掉毛如何处理？

（1）减少犬掉毛量，可以每天为犬梳理被毛，促进血液循环。

（2）选择专业犬粮，不要饲喂人的食物，减少油盐的摄入量。

（3）注意犬的营养均衡，可以适量补充蛋白质、卵磷脂、不饱和脂肪酸等，可有助于缓解掉毛。

（4）多晒太阳可促进被毛健康。

57. 如何为犬选择毛梳？

犬梳子作用主要有2点：一是清理犬身上即将脱落的毛发，去除藏在皮肤上的污垢，同时避免毛发打结；二是给犬梳毛、按摩，让犬身体更健康、心情更愉快。

犬毛梳的款式主要如下。

开结梳：具有刀状梳齿，可以割除毛结，有很强的开结功能。

针梳：把粘连的毛梳开，去除毛结、死毛，让犬的毛恢复蓬松。

排梳：用来梳理本来就较为通顺、没有毛结的毛。

钉耙梳：排梳的一种，梳间距大、梳毛阻力小，适合个子比较大的犬。

脱毛梳：适合换毛期犬被毛处理，脱去多余的绒毛。

一般可为犬准备2把梳子，一把针梳，一把直排梳；材质方面尽量选择不锈钢材质的梳子。也可根据自家犬的特点进行选择。

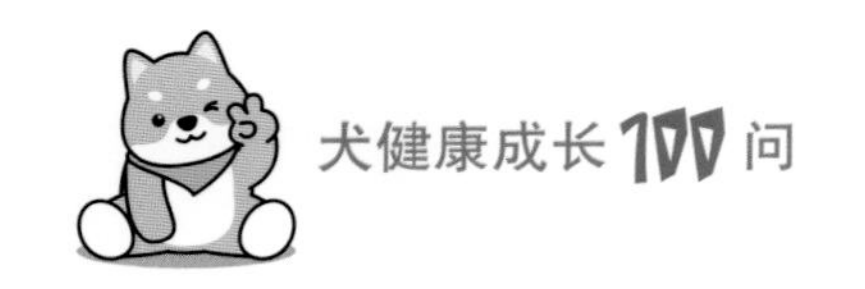

58. 冬天给犬梳毛容易产生静电怎么办？

可以通过增加室内空气湿度，改善犬被毛干燥而导致的静电，同时也可以使用一些有滋润作用的被毛护理剂改善静电的产生，此外，选择一把防静电的梳子也能起到很好的改善作用。

59. 夏天可以把犬的被毛剃光吗？

不可以。犬的皮肤不能排汗，把被毛剃光对于降温没有任何帮助，相反，犬的皮肤比人的薄，没有被毛保护的犬皮肤很容易被晒伤，导致皮肤病，所以夏天剃光犬的被毛有害无益。

60. 犬可以做被毛染色吗？

犬可以做被毛染色，但如同染发一样，没有绝对安全无害的染毛剂，不管使用什么样的染毛剂，或多或少都会对犬的被毛和皮肤造成一定的影响，因此，不建议频繁多次染色。为犬染毛时要注意以下问题。

（1）年龄过小或过大的犬不要染毛，太小的犬皮肤比较脆弱，而年龄过大的犬身体相关机能在慢慢下降，皮肤的抵抗力也不是很高，如果受到化学药剂的刺激，可能会出现不适。

（2）犬在身体不适的时候，不宜染毛。

（3）染毛避免触及犬的嘴巴、鼻子、眼睛等相关部位，这些部位都是比较容易直接受到染色剂伤害的。

（4）染毛的时候要带犬去正规的宠物美容机构，使用正规的宠物用染色剂。

61. 犬的被毛沾上了油漆怎么办？

可以使用橄榄油，涂抹在沾有油漆的位置轻轻搓几下，充分浸润几分钟后用肥皂进行清洗。也可以用花露水涂在沾油漆的位置，浸润一会儿用肥皂清洗。还可以用花生油或色拉油搓在沾油漆的位置，再加

入少量的洗洁精搓一搓，最后再用抹布搓两下，也能去除油漆。如果油漆染得比较严重，可以用汽油来清洗，首先涂一点汽油在有油漆的地方，再用肥皂进行清洗。

62. 如何选择犬用消毒产品？

家中养犬经常接触到沙发、地毯等家居物品，要做好定期、彻底消毒；但犬喜欢到处嗅闻及舔舐毛发，消毒剂就有被舔舐到的可能，容易对犬的健康造成危害，所以应选择绿色环保、刺激性低的消毒液。常见消毒液的优缺点如下，建议谨慎使用。

过硫酸氢钾复合盐：对人宠均无害，且没有刺激味道，犬可接触可舔舐，杀菌效果强大，消杀率99.99%，且效力可见。

对氯间二甲苯酚：尽管对人体无害，但会对犬产生毒性，引发呕吐和肠胃不适甚至腹泻。

次氯酸钠（如84消毒液）：消毒杀菌率很高，但刺激性特别大且具有很强的腐蚀性，养犬家庭不适宜。

75%酒精：有刺激性气味，不能被犬舔舐，且会对犬肝脏造成伤害。

63. 如何清除犬饲养环境的异味？

（1）活性炭吸附臭味。需要注意的是，活性炭的吸附量会饱和，应定期更换或晾晒。

（2）空气清新剂掩盖臭味。选择空气清新剂时，注意选择无毒无害、气味轻的产品，使用后多通风，使味道尽快散去。

（3）空气净化器清除臭味。虽然成本较高，但效果不错，定期清洁减少臭味。

（4）定期给犬洗澡；定期清理犬的肛门腺；定期清洁犬的用品；定期刷牙，清洁口腔；健康饮食。

64. 新犬到家该注意哪些事项？

（1）不要换粮。突然换粮会引起犬的应激而引发疾病，如果之前饲喂的粮食不太好，等适应环境后再一点点地调整。

（2）不要洗澡。因环境改变，极有可能导致应激反应，往往使身体的抵抗力下降，急于洗澡，很容易引发疾病，甚至危及生命安全。

（3）不要免疫。适龄免疫的犬，通常要适应 1 ～ 2 周，在确保健康的前提下，进行免疫。

（4）不要外出。因环境改变，极有可能导致应激反应，致使免疫力下降，不要外出，避免接触不健康犬而感染疾病。

65. 带犬就诊时应该向宠物医生提供哪些信息？

（1）基本信息。包括年龄、品种、体重、病史、饮食习惯、生活环境、疫苗接种情况和药物过敏史等。

（2）就诊原因。发病时间，发病时的具体行为表现，包括精神状况的改变、饮食情况的改变、排泄情况的改变以及是否出现异常行为。

（3）既往病史。告诉宠物医生犬是否曾经发生过类似病情，是否就诊以及药物使用情况。

（4）宠主个人信息。提供自己的姓名和联系方式，便于宠物医生的联系。

66. 犬为什么要打疫苗？

预防疾病：环境中存在多种病原可导致犬发生传染病，接种疫苗可以刺激犬产生特异性免疫保护，抵抗传染病的侵袭，保护犬的健康。

保护人类：许多犬的传染病为人畜共患病，给犬注射疫苗，降低犬的发病率，也是保护人类身体健康的一种有效方式。

67. 临床常用的犬疫苗有哪些？主要预防哪些传染病？

犬二联：预防犬的犬瘟热和细小病毒病。

犬四联：预防犬的犬瘟热、传染性肝炎、细小病毒病和副流感。

犬五联：预防犬的犬瘟热、传染性肝炎、传染性喉气管炎、副流感、细小病毒病。

犬六联：预防犬的犬瘟热、传染性肝炎、细小病毒病、副流感和犬钩端螺旋体病（犬型、黄疸出血型）。

犬八联：预防犬的犬瘟热、传染性肝炎、传染性喉气管炎、副流感、细小病毒病、犬钩端螺旋体病（犬型、黄疸出血型）和犬冠状病毒病。

狂犬病灭活苗：预防犬、猫狂犬病。

68. 犬的“联苗”是什么意思？

目前犬的疫苗有很多种，包括二联、四联、六联和八联等，所谓的联苗只是代表这种疫苗能够预防疾病的数量。包含的疾病越多，预防得就越周全。

69. 犬的基本免疫程序是什么？

在幼犬满 28 天或体重超过 0.8 千克时，进行驱虫，驱虫后再进行免疫。

首次免疫：在犬出生满 42 天且小于 2 月龄时，如果犬身体健康，没有发病及体弱的症状，要进行首次免疫。给犬注射犬二联苗，预防犬瘟热和犬细小病毒病。

第二次免疫：第一次免疫后间隔 21 天，同时犬的一切指标正常，注射四联或六联苗或八联苗，预防犬瘟热、犬细小病毒病、犬传染性肝炎、犬副流感、犬传染性气管炎、犬钩端螺旋体病和犬冠状病毒。

第三次免疫：第二次免疫后间隔 21 天，第二次注射四联或六联苗或八联苗，全部免疫完成后，需进行抗体检测，看体内抗体是否合格，之后才能确定免疫是否成功。

70. 去宠物医院打疫苗的时候要注意疫苗的哪些信息？

疫苗的种类：需要了解自己的犬需要打哪些疫苗，不同日龄，对应的疫苗种类是有差别的。

疫苗的生产厂家和批号：需要查看疫苗的生产厂家和批号是否清晰可见，以便在需要的时候进行溯源。

疫苗的保质期：需要确认疫苗的保质期是否在有效期内，疫苗的保质期非常重要，过期的疫苗可能会对宠物产生不良反应，并且失去预防疾病的效果。

71. 给犬接种疫苗前后需要注意哪些事项？

疫苗接种前，需要确认犬的健康状况。如果犬患有疾病或正在接受治疗，应该等到犬康复后再进行疫苗接种。在接种疫苗前，需要将犬的身体清洁干净，去除身体上的泥土、污垢和毛发。这样可以减少疫苗接种后感染的风险。

疫苗接种后，需要观察犬的身体状况，检查是否有异常反应。常见的疫苗反应包括发烧、食欲不振、呕吐、腹泻等症状。如果发现异常反应，应该及时联系宠物医生。

72. 什么情况下不适合给犬接种疫苗？

生病状态：如果犬正在处于生病状态，不应该接种疫苗。因为犬的免疫系统此时可能无法有效应对疫苗，也可能会因为疫苗注射而加重犬的病情。

妊娠期：如果犬已经怀孕，一般不建议在怀孕的早期接种疫苗。因为这可能会对胚胎产生不良影响。如果必须在怀孕期间接种疫苗，建议在怀孕后期进行。

过敏史：如果犬有过敏史，特别是对疫苗成分过敏，或者曾经接种疫苗后出现过严重的过敏反应，应该避免再次接种该疫苗。

73. 先驱虫还是先接种疫苗？

犬没有吐虫或拉虫的情况下，优先驱虫可同时接种疫苗。当发现已经有吐虫或拉虫的情况，应先驱虫，7 天以后，再接种疫苗。

74. 犬老了以后还需要接种疫苗吗？

犬老了以后同样需要接种疫苗，但老年犬需要接种的疫苗可能会有所不同。需要注意的是，老年犬可能存在一些慢性疾病，如肾脏疾病、心脏疾病等，这些疾病可能会影响犬的免疫力。因此，在给犬接种疫苗之前，宠主需确保犬的身体状况良好。

75. 如何检测犬的抗体水平？

抗体监测是为了了解犬体内的抗体是否足量，排除犬因抗体不足或疫苗接种失败而导致的疾病感染。临床上主要选用胶体金试纸条进行抗体检测，也可以采用酶联免疫吸附实验进行抗体检测。试纸条可以定性或者半定量判断犬体内是否存在某种特异性抗体，而酶联免疫吸附试验可以进行抗体的定量检测。通过抗体监测既可以发现母源抗体的水平，也可以用来评估犬的免疫状态；对未免疫犬来说，可以发现病毒的潜伏感染，有利于疾病的发现和诊断；同时抗体检测还能优化治疗的方案，提高治愈率。

76. 疫苗的保护期可以持续多长时间？

疫苗的保护期对于不同时期的犬也不同。首先对于没接种过疫苗的幼犬，一般建议在出生后的 4 ～ 12 周接种疫苗，通常是间隔 21 天打一次疫苗，连续打三针预防其他传染病的疫苗和一针狂犬病疫苗。如果幼犬是新买的，一般建议最少在家饲养 7 天适应环境后再进行疫苗的接种，因为幼年动物的抵抗力较弱，且对于陌生环境容易产生紧张情绪导致机体出现问题。对于成年的动物，则需要每年接种一次传染病疫苗的加强针和一针狂犬病疫苗。加强针一般是与上一年最后一针间隔 11 个月，如果超过时长，则需要及时补种。

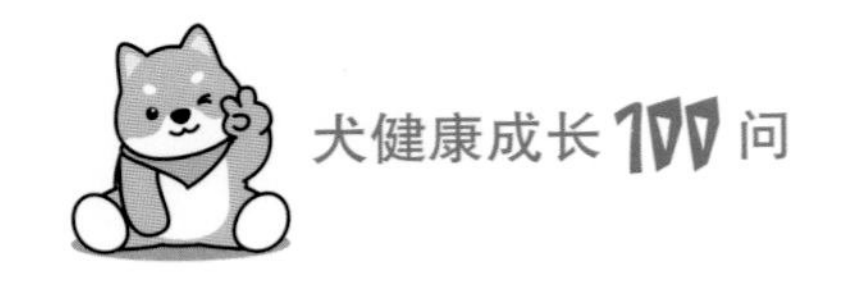

77. 犬常见的体内寄生虫有哪些？相关驱虫药有哪些？

犬感染蛔虫、绦虫、线虫等主要表现为毛发粗糙、失去光泽、消瘦、食欲不振、腹泻等症状；犬感染滴虫、钩虫、鞭虫、球虫等主要表现为生长停滞、消瘦、食欲减退，有微热，排出带血和黏液的稀软便；犬感染心丝虫主要表现精神不振、食欲不佳等，偶有咳嗽，运动时加重，易疲劳；随后心悸亢进，脉细弱有间歇，并出现心内杂音。目前临床广泛使用的体内驱虫药有：汪宠清、犬心保、拜宠清等。

78. 犬常见的体外寄生虫有哪些？相关驱虫药有哪些？

犬感染蜱虫、虱子、跳蚤等主要表现为不停啃咬、搔抓、摩擦患部，烦躁不安，影响休息和正常进食，临床可见病犬日渐消瘦、营养不良，严重者可导致死亡。动物感染蜱虫后将蜱虫连带口器一起拔出，若清理不彻底会引起感染。犬体外驱虫药主要成分通常是塞拉菌素、非泼罗尼、阿维菌素等。

79. 老年犬还需要驱虫吗？

驱虫与年龄无直接关联，老年犬也需定期驱虫，预防性驱虫周期大概 28 天，需要根据不同种类的驱虫药确定驱虫时间，尤其春、夏、秋三季，建议每月做一次预防性驱虫，冬天寄生虫大多蛰伏起来，可适当延长驱虫时间。驱虫药建议定期更换药物种类，长期使用同一种药可能会对寄生虫产生筛选作用，从而让寄生虫产生耐药性，现在的药物一般都是缓释的预防性作用，驱虫时间一般为 28 天，时间过了，动物体基本不会产生残留的情况，作用途径大部分是通过皮脂腺吸收，进入毛细血管扩散到全身，然后分散到寄生虫可能存在的部位，达到驱虫的目的。

80. 足不出户的幼犬也要做驱虫吗？

足不出户的幼犬也需要定期驱虫，主要有 3 种途径感染寄生虫，一是因为有些寄生虫属于人畜共患，人们从户外所携带的病毒、细菌、寄生虫都可由人或环境，甚至食物等传播给不出家门的幼犬；二是幼犬在家中接触下水道、垃圾袋与家养植物也有间接传播的风险；三是犬蛔虫可通过垂直传播感染幼犬，所以足不出户的幼犬也要定期做好驱虫，保障健康。

81. 犬通常从哪里感染跳蚤？通常会有哪些表现？

犬感染跳蚤的途径通常有 3 种：一是饲养环境脏乱导致感

染，会滋生跳蚤；二是在树林和草丛中牵遛导致感染；三是由接触被跳蚤感染的动物所感染。

犬感染了跳蚤后通常会有以下表现。

行为不安：全身发痒，会出现乱叫，用身体摩擦墙壁等不安的行为。

皮肤发红：犬抓挠或舔咬局部皮肤，刺激皮肤，使皮肤发红。

脱毛：舔咬及爪子剐蹭会导致皮毛逐渐脱落和断裂，常见脱毛区域主要在背部、尾巴部、头部以及大腿内侧。

皮肤病变：皮肤抓破会导致细菌感染，使皮肤色素沉着，形成鳞屑、结痂及丘疹等常见皮肤病变。

牙龈苍白：寄生虫通常会吸食宠物血液，引发贫血，从而导致牙龈苍白。

82. 犬通常是从哪里感染蜱虫的？

犬蜱虫感染具有明显的季节性，在春、夏、秋三季，凡是有蜱虫滋生的地方，均可发病，犬通常由于到树林和草丛中牵遛而感染，也可由于接触携带蜱虫的犬、猫或其他哺乳动物而感染。

83. 犬除蚤项圈的选择及注意事项，你知道吗？

大部分犬除蚤项圈是以橡胶为原材料，然后掺入杀虫剂制成的，项圈套犬脖子上会缓慢释放杀虫剂，达到去除寄生虫的效果。首先根据犬的体重初步选择型号；其次是除蚤项圈的主要药物成分是否安全可靠，临床通常选取吡虫啉、氟氯苯氰菊酯进行除蚤，作用可达 7 ～ 8 个月，抑制幼蚤发育，用于辅助治疗跳蚤引起的皮肤病；最后还应注意除蚤项圈与犬皮肤之间的距离，太紧会增加皮肤炎症的发病概率，太松又有可能让犬咬到项圈发生中毒事件；此外，还要注意不要长时间佩戴以及休药期等事项。

性格与行为篇

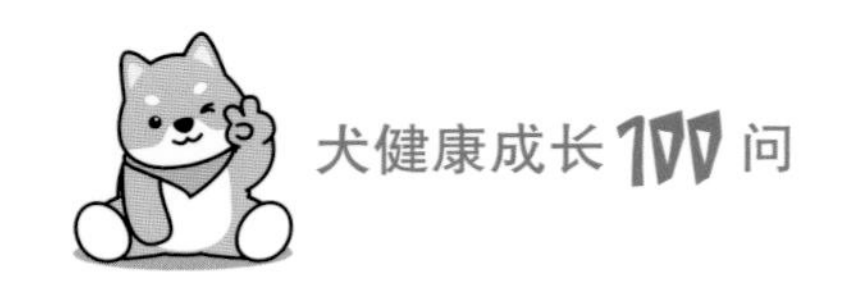

84. 犬为什么需要天天遛呢？

犬每天需要遛的原因主要有以下 3 点：一是增强体质，每天带犬外出运动可以增强它自身的免疫力，还可以消耗多余的体力；二是社交，犬属于群居动物，长期待在家里不外出的犬会变得非常胆小；三是排泄，经常带犬外出可以让它养成在外面排泄的习惯。

85. 带犬散步时它为什么喜欢到处嗅？

首先，犬到处嗅是为了更快地熟悉环境。犬主要是通过嗅觉来认识世界的，它们可以通过鼻子闻到周围的气味和信息。比如，它们可以闻到哪里有其他的动物或者人类经过，哪里有食物或者水源，哪里有危险等，以便更快地适应和掌握环境。其次，犬到处嗅是为了留下自己的气味。除了能够闻到其他犬的气味之外，犬也能分泌自己的气味，并且用这种方式来传递自己的信息。比如，当犬在树上或者墙角撒尿时，它们其实是在留下自己的标记，告诉其他的动物或者人类这里是自己的领地。最后，犬到处嗅是为了寻找美食和玩

乐。犬作为一种食肉动物，在野外生活的时候需要靠自己捕捉和寻找食物，所以，在它们的基因里就保留了对于食物气味的敏感和好奇。当在外面散步时，如果闻到好吃的东西，它们就会想去尝尝看看。

86. 犬为什么总是很“馋”？

遗传因素：犬是从狼演化而来的，而狼是狩猎者，需要大量能量来维持其生存和繁衍后代。因此，犬天生就有对食物的强烈需求和欲望。这种遗传因素使得犬在面对食物时表现出“馋”的行为。

饲养环境和喂养习惯：犬在饲养环境中通常会接触到美味的食物，如果主人经常给予犬高价值的食物，或者犬在家庭中习惯了被喂养或得到食物奖励，这些因素都会增加犬的食欲和“馋”的行为。

味觉和嗅觉敏感性：犬的味觉和嗅觉非常敏感，它们能够嗅到食物中的各种气味。这种敏感性使得犬对于食物的诱惑反应更强烈，从而表现出更“馋”的行为。

饮食不均衡或缺乏满足感：如果犬的饮食不均衡或缺乏某些营养成分，它们可能会感到不满足，导致更多的食欲和“馋”的行为。

重要的是要注意，虽然犬可能总是表现出“馋”的行为，但过度喂食和提供高能量、高脂肪的食物可能导致肥胖和其他健康问题。因此，宠主需要确保为犬提供均衡的饮食，根据其年龄、体重和活动水平合理控制食物摄入量。此外，提供适当的运动和智力刺激，以减少不必要的“馋”行为。

87. 犬挑食怎么办？

想要纠正犬的挑食行为，首先要分析它挑食的原因，再对症下药。排除犬是由于生病、犬粮选择不当、缺乏运动等引起的挑食后，再进行矫正。可以采用定时喂食、定时收碗的方法矫正。具体做法为：每天喂食2次，早上7：00和晚上7：00，早上7:00，将食物放在犬的面前,3分钟内没吃完，立刻拿走；到了晚上7：00再把食物端上来，如果还不吃，依然拿走；等到第2天早上7：00，再把食物端上来。在这期间，除了保证犬的饮水足量供应外，不让犬接触到任何食物。

88. 犬的发情频率与周期是多长时间？

一般来说，犬在满8个月以后，会开始第一次发情，而小型犬比大型犬的发情期要早。母犬一年会有2次发情期，每次间隔半年左右，持续的时间是3～4周。公犬每年可多次发情，只要闻到母犬发情的气味或与发情的母犬接触就会发情。

89. 犬的发情行为表现有哪些？

公犬发情表现：公犬发情时会野蛮霸道，具有打斗的倾向，撒尿划清领地来吸引异性。会抓、附着不同的物件或主人的腿。

母犬发情表现：母犬兴奋性增强，活动增加，烦躁不安，吠声粗大，眼睛发亮；阴门肿胀、潮红，流出伴有血液的红色黏液；食欲减少，频频排尿，举尾拱背，喜欢接近公犬，常爬跨其他犬等。

90. 如何照料妊娠犬？

犬的妊娠期为60天左右，对这一时期犬喂养的重点是供给营养合理全面的食物，增强犬的体质以保证胎儿的正常发育。

妊娠初期：由于胎儿较小，不必特意给犬准备特别的饲料，三餐定时定量即可。同时，注意饲料的适口性，改善犬在妊娠初期食欲较差的情况。

妊娠中期：怀孕1个月后，胎儿开始迅速发育，需要增加食物的供给量以满足这一时期犬对营养物质的需要量，同时，可给犬补充肉类、动物内脏、鸡蛋、牛奶等富含蛋白质的食物。胎儿长至1个半月左右时，应增加喂养次数，由早晚饲喂调整为早中晚3次饲喂。

妊娠后期：应将犬的喂食次数增加到每天4次，增加一些易消化的、富含钙质的食物，以促进胎儿骨骼的发育，此时要少食多餐，不要饲喂冰冷的食物和水，以防流产。

注意：临产前的犬因不安会出现拒食，此时不可强迫犬进食，以免增加犬的肠胃负担。多安排犬在室外进行日光浴和进行适量的运动，以促进母体及胎儿的血液循环，保证母体和胎儿的健康。

91. 犬的临产行为表现有哪些？

（1）犬在临产时期腹部皮肤呈现出粉红色。乳房也会肿胀饱满，乳腺充实，乳头粉红，一些犬在生产前会分泌出少量乳汁。

（2）临近分娩，犬的骨盆韧带开始变得松弛，臀部坐骨节处下陷，后驱柔软，臀部明显塌陷。

（3）犬分娩前粪便会变稀，排尿次数增加，排泄量减少。还会出现食欲不振、腹痛等情况。

（4）在临产前它们会表现精神抑郁，焦躁不安。在接近生产的时候犬会不停地用前脚抓地板、垫子之类的，类似做窝筑巢的动作。

（5）犬的体温在临产前会先降低后回升。先由正常的 37.5 ～ 38.5℃降为 36.5 ～ 37.5℃，越接近临产的时候，体温就会下降得越低。在临产前的 24 小时里，犬的体温基本会接近 36℃。当出现回升时，表示即将临产。

92. 犬需要做绝育吗？

主人如果没有繁殖犬的意向，建议对犬做绝育，而且在适合的年龄阶段越早做越好。做绝育的好处是非常多的，对于母犬来说可以杜绝子宫蓄脓、降低乳腺肿瘤等生殖系统疾病；对于公犬来说可以杜绝前列腺、睾丸方面的生殖系统疾病，同时，还可以降低在发情期间引起的打斗、争斗、频繁的爬跨等行为，减少因性情暴躁引起的咬伤事件，也可以避免因发情导致的外出走丢、在家搞破坏、到处撒尿的情况发生。

93. 如何训练犬定点上厕所？

（1）设定厕所区域。需要为犬设定一个专门的厕所区域，这个地方应该远离犬睡觉和吃饭区域，一般来说，阳台、卫生间或者其他容易清洁的地方都是不错的选择。在这个区域内，你可以铺上专门的宠物尿垫或报纸，以便犬辨认和使用。

（2）建立规律的作息时间。如每天早上起床后、晚上睡觉前以及饭后都可以带犬去厕所区域。逐渐地，它们会在这些时间段自然地产生如厕需求。

（3）引导和鼓励。当犬在正确的时间和地点上厕所时，应该及时给予表扬和奖励。你可以适当地摸摸它的头、夸它聪明，甚至给它一些小零食。这样，犬会将这种行为与积极的情感联系起来，从而更加愿意遵循这一习惯。

（4）纠正错误行为。当你发现犬在错误的地点上厕所时，要立即制止并带领它到指定的厕所区域。同时，要保持耐心，千万不要惩罚它们。

94. 怎样能看出犬的心情？

可以从面部和肢体语言来判断。犬生气时会直视目标对象，眼尾上吊；伤心时眼神黯淡湿润；高兴时眼睛睁得圆圆的，比较有神；心虚犯错时会眼神躲闪不敢直视主人。耳朵也一样可以表达情绪，耳朵用力向后贴时，表示可能会发起攻击；但耳朵向后贴，表情却温和时通常表示喜欢你，想让你抚摸它。面部表情除了眼睛和耳朵之外，嘴部也能表达它的情绪。放松时犬嘴巴微微张开，舌头也许会露出来；嘴巴闭上，头看向一个方向表示它的好奇；嘴唇翻卷，微微露齿表示警告，露出更多的牙齿表明严重警告，露出牙龈，鼻子有明显褶皱的时候可能就要攻击了！尾巴也是犬表达情绪的重要途径，抬高的尾巴表示它很自信，水平僵直的尾巴表示它可能出现攻击行为，左右轻快地摇摆则表示它很轻松愉快，稍微下垂和完全下垂的尾巴表示它很轻松，尾巴向腹部卷曲同时弓背表示它出现了害怕的情绪。

95. 犬喜欢让人摸和不喜欢让人摸的部位，你知道吗？

爱抚犬的时候往往会抚摸犬的身体，犬有喜欢让人摸的部位，也有不喜欢让人摸的部位。

（1）喜欢让人摸的部位如下。

头部：头部皮肤较薄也较为敏感，抚摸头部是与犬沟通交流最好的方式。

脖子：抚摸下巴到脖子这个部位，能让犬感觉到舒服和开心。

背部：可以一边抚摸一边梳毛，促进被毛的生长并清理脱落的被毛。

胸脯：轻拍胸脯，意味着嘉奖，会使犬更兴奋。

肚子：抚摸肚子，会让犬感到你对它的信任，起到安抚的作用，还可以帮助消化。

（2）犬不喜欢让人摸的部位如下。

鼻子：鼻子作为嗅闻的部位，离敏感部位较近，害怕被人做出伤害的行为。

尾巴：尾巴是控制平衡，表达情感，驱蚊扫蝇的；尾巴脆弱敏感，容易受伤，触碰尾巴极有可能出现咬人的情况。

爪子：爪子是比较敏感的部位，也是犬的“武器”，当你触碰到爪子，犬会缩回去，如果被你偷袭触碰，犬很可能一爪子拍到你身上。

96. 吠叫是犬表达情绪的方式之一，不同的叫声代表了什么？

低声嘶吼：犬在面对威胁的时候，充满战斗力，这种叫声最为常见。

大声犬吠：这种叫声要分人讨论，如果是面对陌生人，则是犬警惕的体现。

如果是对熟人，就是在强烈要求你或者热烈欢迎你。

狼嚎长鸣：这种叫声并不常见，因为有些犬多在主人外出不在家的时候会发出这种声音。一般是在它感到非常孤独的情况下才会发出，表达它对主人的思念。

刺耳尖叫：遇到这种情况，首先需要注意是否刚刚伤害到了犬。因为犬只有在身体部位突然受到攻击感到剧烈疼痛时，才会发出这种刺耳的尖叫。

轻声哼叫：犬发出像小孩子“嘤嘤嘤”的轻声哼叫，一般有两种情况：一种情况是它感到身体不舒服，很痛苦的时候就会发出这种声音，这时候就需要检查犬是否有身体不适；另一种情况是犬在向你撒娇，如想要你带它出去玩或者看见你正在吃什么好吃的也想分一点。

97. 如何分辨犬有没有异常喘气？

（1）观察喘气的频率和强度。一般正常来说，犬一分钟会呼吸 10 ～ 30 次。如果你发现犬喘气的方式变得急促，呼吸也变得比平常强，甚至出现呼吸困难，要尽快带它去宠物医院检查。

（2）是否没有理由突然开始喘气。当犬因为运动、兴奋、紧张而喘气，是正常的现象；但是如果没有理由就开始喘气，就有可能是心脏病、心血管疾病或呼吸系统疾病。

（3）观察喘气持续的时间。如果犬喘气持续一段时间都没有恢复正常呼吸，也需要留意是不是发烧、疼痛或身体有其他疾病。

98. 如何与宠物犬相处？

在犬旁边时需要表现得平静，它也需要足够的空间；尽量让犬过来找人，不要在犬睡觉、吃饭、喝水、生病、受伤的时候接近它，尽量不要抢它的玩具；在与犬互动时如果它的行为粗鲁，请停止与它的玩耍；不要贸然接近一只不熟悉的犬。

99. 如何与宠物犬互动？

根据犬的品种来寻找更合适的互动方式，如猎犬喜欢寻回、玩具犬喜欢与人类亲近等。在互动过程中，主人应时刻注意，及时制止你不希望犬出现的行为；饲养多只犬的家庭，主人应及时制止犬之间的激烈打闹，并给它们冷静时间；不要让犬过度兴奋或恐惧，教它打招呼的方式。

100. 犬常见的心理健康问题有哪些？如何进行疏导？

犬常见的心理健康问题如下。

抑郁症：患犬精神萎靡、食欲不佳、情绪不定，不再围着你蹦来跳去，甚至对你的呼唤无动于衷。

分离焦虑症：患犬表现为在原地转圈，主人出门狂叫不停等。

狂躁症：犬总是心情不好的样子，露出凶狠的表情，除了本身有疾病之外，还可能是主人在训练的时候伤害了它们，或者走失、遗弃等原因导致它们有了心理阴影。

强迫症：犬不断重复一些动作，例如不停咀嚼，不停追赶影子，反复舔地毯，总是追逐自己的尾巴，或是一天到晚舔自己的爪等。

假想症：犬无故狂叫，或者特别害怕某一种东西，例如皮球、布偶玩具等。

应对措施：减少犬的心理疾病，最重要的方式就是主人的陪伴，建议主人每天带犬外出运动2小时左右，还可以做些训练、游戏等，如果表现得好，主人可以用零食奖励一下。

另外，平时惩罚犬不要太过分，有时间可以帮它们洗洗澡、梳梳毛等，以增加犬和主人之间的感情，这样犬患上心理疾病的概率也会降低。

参考文献

蔡旋，2023. 功能性宠物食品学［M］. 北京：中国农业出版社 .

江宏恩，2017. 江宏恩的狗狗营养餐与私家养护秘技［M］. 福州：福建科学技术出版社 .

金润贞，2016. 读懂狗狗的心里话［M］. 北京：机械工业出版社 .

琳达・P. 凯斯，等，2020. 犬猫营养学［M］. 陈江楠，许佳，夏兆飞，译 . 济南：山东科学技术出版社 .

迈克尔・J. 戴，2021. 犬猫虫媒传染病［M］.2 版 . 刘贤勇，译 . 北京：中国农业大学出版社 .

秦彤，2019. 犬传染性疾病防控技术［M］. 北京：中国农业科学技术出版社 .

宋大鲁，宋旭东，2008. 宠物诊疗金鉴［M］. 北京：中国农业出版社 .

孙绍武，2009. 宠物狗驯养新技术［M］. 呼和浩特：内蒙古人民出版社 .

吐蕊・鲁格斯，2012. 狗狗在跟你说话！完全听懂狗吠手册［M］. 黄薇菁，译 . 台北：猫头鹰出版社 .

谢慧胜，张立波，1999. 实用宠物百科［M］. 北京：农村读物出版社 .